电力安全教育可视化手册

电焊与气焊作业

浙江浙能电力股份有限公司 组编

中国电力出版社
CHINA ELECTRIC POWER PRESS

内 容 提 要

生命至上，安全第一。安全生产由无数细节组成，本丛书针对电厂日常生产过程中检修维护及零星工程施工所涉及的高风险作业以及工器具的使用，通过图片和文字注释方式，系统展示了作业过程中安全工作规范和基本知识要点，力求达到身临其境的"可视化"效果。

本分册主要介绍电焊与气焊基本规定，电焊操作，气焊与气割操作，氧气瓶和乙炔气瓶的使用，减压器、橡胶软管、焊枪的使用。

本书可供电力工程建设人员及电厂各级安全生产岗位人员培训和学习使用。

图书在版编目（CIP）数据

电力安全教育可视化手册. 电焊与气焊作业 / 浙江浙能电力股份有限公司组编. — 北京：中国电力出版社，2019.12（2021.6重印）

ISBN 978-7-5198-3194-3

Ⅰ. ①电… Ⅱ. ①浙… Ⅲ. ①电力工业－安全生产－安全教育－手册②电焊－安全教育－手册③气焊－安全教育－手册 Ⅳ. ① TM08-62

中国版本图书馆 CIP 数据核字（2019）第 256500 号

出版发行：中国电力出版社
地　　址：北京市东城区北京站西街 19 号（邮政编码 100005）
网　　址：http://www.cepp.sgcc.com.cn
责任编辑：莫冰莹（010-63412526）
责任校对：黄　蓓　郝军燕
装帧设计：张俊霞
责任印制：杨晓东

印　　刷：北京瑞禾彩色印刷有限公司
版　　次：2019 年 12 月第一版
印　　次：2021 年 6 月北京第二次印刷
开　　本：880 毫米×1230 毫米 32 开本
印　　张：1.875
字　　数：35 千字
印　　数：13001—14000 册
定　　价：24.00 元

前　言

　　习近平总书记在党的十九大报告中指出，要树立安全发展理念，弘扬生命至上、安全第一的思想，健全公共安全体系，完善安全生产责任制，坚决遏制重特大安全事故，提升防灾减灾救灾能力。安全是企业生存和发展的基础，更是保障员工幸福的根本，必须把安全始终置于工作首位，不断强化红线意识和底线思维，提高企业本质安全水平，这是安全生产的初心和使命。

　　做好安全生产，教育先行，安全教育不忘初心就要切实让教育起到效果，让安全深入人心。本丛书针对电力企业日常生产过程中检修维护及零星工程施工所涉及的高风险作业以及工器具的使用，系统展示了作业过程中安全工作规范和基本知识要点，书中以工程现场实际图片为主体，并加以文字注释，通过图文结合的可视化方式，对工程施工现场作业安全合规与不合规的正反两方面分别进行解读，使安全标准化作业直观易懂，能给阅读者留下深刻印象，是安全管理人员、工程施工人员掌握安全生产相关标准、规范的得力工具。

本丛书共分八个分册，包括：扣件式钢管脚手架作业、高处作业、施工用电、电焊与气焊作业、起重作业、有限空间作业、常用电动工具使用和危险化学品作业。本丛书可供电力工程建设人员及电厂各级安全生产岗位人员培训和学习使用。

本书不足之处，敬请批评指正。

编者

2019 年 12 月

编写说明

　　为便于施工作业人员、生产管理人员掌握电焊与气焊作业基本知识和安全规定，特编制本手册。本手册内容主要适用于机组检修作业及零星工程施工作业。

　　本手册主要依据 GB 26164.1—2010《电业安全工作规程　第 1 部分：热力和机械》第 14 条编写，同时也参考了 DL 5009.1—2014《电力建设安全工作规程　第 1 部分：火力发电》、TSG R0006—2014《气瓶安全技术监察规程》、GB/T 2550—2016《气体焊接设备　焊接、切割和类似作业用橡胶软管》等标准和规程。

目　录

一 电焊与气焊快速图解

1 电焊作业。

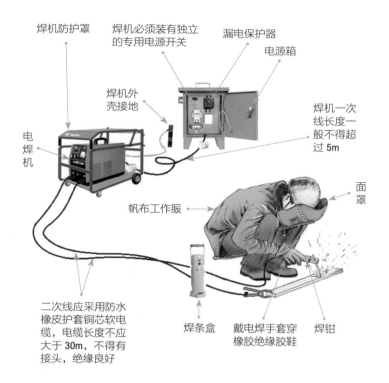

焊机防护罩

焊机必须装有独立
的专用电源开关

漏电保护器

电源箱

焊机外
壳接地

焊机一次
线长度一
般不得超
过 5m

电
焊
机

面罩

帆布工作服

二次线应采用防水
橡皮护套铜芯软电
缆，电缆长度不应
大于 30m，不得有
接头，绝缘良好

焊条盒

戴电焊手套穿
橡胶绝缘胶鞋

焊钳

2 气焊作业。

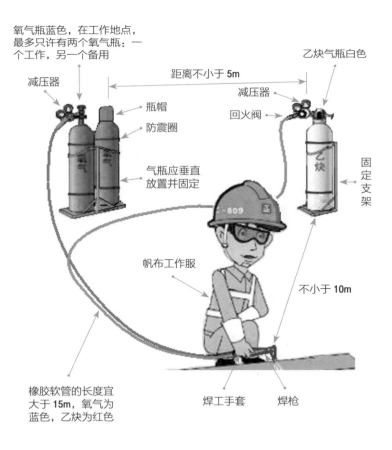

氧气瓶蓝色，在工作地点，最多只许有两个氧气瓶：一个工作，另一个备用

乙炔气瓶白色

减压器

距离不小于 5m

减压器

回火阀

瓶帽

防震圈

气瓶应垂直放置并固定

固定支架

不小于 10m

帆布工作服

橡胶软管的长度宜大于 15m，氧气为蓝色，乙炔为红色

焊工手套

焊枪

二 基本规定

1 从事焊接工作人员必须具有相应资质。焊接锅炉承压部件、管道及承压容器等设备的焊工，必须按照 DL/T 612—2017《电力行业锅炉压力容器安全监督规程》中焊工考试部分的要求，经考试合格，并持有合格证，方允许工作。

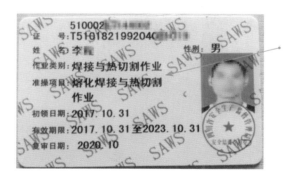

应急管理局核发的《特种作业操作证》，准操项目：融化焊接与热切割作业

特种作业目录中，焊接与热切割作业分 3 类操作项目：熔化焊接与热切割作业、压力焊作业、钎焊作业

2 焊工应戴防尘（电焊尘）口罩，穿帆布工作服、工作鞋，戴工作帽、手套，上衣不应扎在裤子里。口袋应有遮盖，脚面应有鞋罩，以免焊接时被烧伤。

帆布工作服

焊工手套

工作鞋及鞋罩

3 在禁火区域、设备焊接作业必须办理动火工作票。

[redacted]公司
一级动火工作票

盖“已执行”章

编号：[redacted]

1. 工作单位：[redacted]　　班组：[redacted]
2. 动火工作负责人：[redacted]　　联系方式：[redacted]
3. 动火执行人：[redacted]　　动火执行人操作证编号：[redacted]
   动火执行人：　　动火执行人操作证编号：
4. 动火地点及设备名称：[redacted]
5. 动火工作内容（必要时可附页绘图说明）：
   [redacted]
6. 动火方式：熔化焊接、切割、打磨
   动火方式可填写熔化焊接、切割、压力焊、钎焊、喷灯、钻孔、打磨、锤击、破碎、切削等。
7. 运行部门应采取的安全措施：

序号	运行部门应采取的安全措施	执行情况
1	[redacted]	

8. 动火部门应采取

[redacted]公司
二级动火工作票

盖“已执行”章

编号：[redacted]

1. 工作单位：[redacted]　　班组：[redacted]
2. 动火工作负责人：[redacted]　　联系方式：[redacted]
3. 动火执行人：[redacted]　　动火执行人操作证编号[redacted]
   动火执行人：　　动火执行人操作证编号
4. 动火地点及设备名称：[redacted]
5. 动火工作内容（必要时可附页绘图说明）：
   [redacted]
6. 动火方式：熔化焊接
   动火方式可填写熔化焊接、切割、压力焊、钎焊、喷灯、钻孔、打磨、锤击、破碎、切削等。
7. 运行部门应采取的安全措施：

序号	运行部门应采取的安全措施	执行情况
1	[redacted]	[redacted]

8. 动火部门应采取的安全措施：

禁止使用有缺陷的焊接工具和设备。

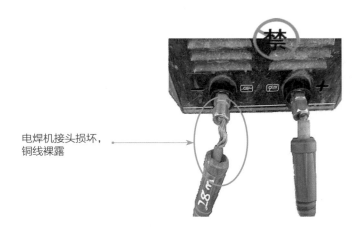

电焊机接头损坏，
铜线裸露

焊钳绝缘破损

⑤ 不准在带有压力（液体压力或气体压力）的设备上或带电的设备上进行焊接。

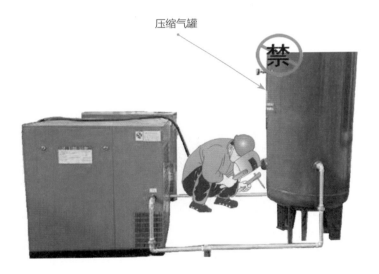

压缩气罐

在特殊情况下需要在带压和带电的设备上进行焊接时，必须采取安全措施，并经主管生产的领导批准。对承重构架进行焊接，必须经过有关技术部门的许可。

6 禁止在装有易燃物品的容器上或在油漆未干的结构或其他物体上进行焊接。

禁止在装有易燃物品的容器上焊接

油箱

禁

对于存有残余油脂或可燃液体的容器，必须打开盖子，清理干净；对存有残余易燃易爆物品的容器，应先用水蒸气吹洗，或用热碱水冲洗干净，并将其盖口打开。对上述容器所有连接的管道必须可靠隔绝并加装堵板后，方准许焊接。

7 禁止在储有易燃易爆物品的房间内进行焊接。在易燃易爆材料附近进行焊接时，其最小水平距离不应小于 5m，并根据现场情况，采取安全可靠措施（用围屏或石棉布遮盖）。

禁止在储有易燃易爆物品
的房间内进行焊接

8 在风力超过 5 级时，禁止露天进行焊接或气割。风力在 5 级以下 3 级以上进行露天焊接或气割时，必须搭设挡风屏以防火星飞溅引起火灾。

焊接挡风屏

9 在可能引起火灾的场所附近进行焊接工作时，必须备有必要的
消防器材。

备有必要的消防器材

⑩ 进行焊接工作时，必须设有防止金属熔渣飞溅、掉落引起火灾的措施以及防止烫伤、触电、爆炸等措施。焊接人员离开现场前，必须进行检查，现场应无火种留下。

防火毯，
防金属熔
渣飞溅

11 在密闭容器内，不准同时进行电焊及气焊工作。

氧气乙炔管

焊机及
二次线

三 电焊操作

　　电焊是指利用电能，通过加热或加压，或两者并用，并且用或不用填充材料，使焊件达到原子结合的焊接方法。

1 在室内或露天进行电焊工作时应在周围设挡光屏，防止弧光伤害周围人员的眼睛。

挡光屏

2 在潮湿地方进行电焊工作，焊工必须站在干燥的木板上，或穿橡胶绝缘鞋。

站在干燥的木板上

3 固定或移动的电焊机（电动发电机或电焊变压器）的外壳以及工作台，必须有良好的接地。焊机应采用空载自动断电装置等防止触电的安全措施。

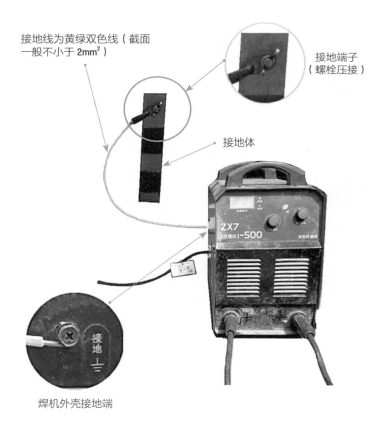

接地线为黄绿双色线（截面一般不小于 2mm²）

接地端子（螺栓压接）

接地体

焊机外壳接地端

④ 电焊机一次侧电源线应绝缘良好，长度一般不得超过 5m。电焊机二次线应采用防水橡皮护套铜芯软电缆，电缆长度不应大于 30m，一般不得有接头（如有接头时，则应连接牢固，并包有可靠的绝缘），绝缘良好；不得采用铝芯导线。

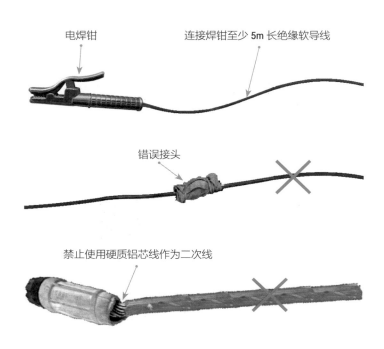

电焊钳

连接焊钳至少 5m 长绝缘软导线

错误接头

禁止使用硬质铝芯线作为二次线

5 电焊机必须装有独立的专用电源开关，其容量应符合要求。焊机超负荷时，应能自动切断电源，禁止多台焊机共用一个电源开关。

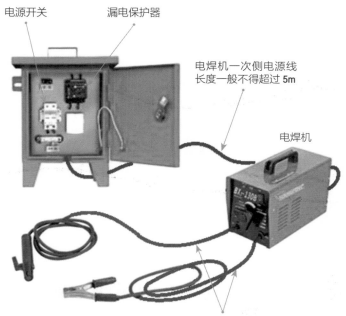

电源开关　　　　漏电保护器

电焊机一次侧电源线
长度一般不得超过 5m

电焊机

电焊机二次线应采用防水橡皮护套铜芯软电缆，
电缆长度不应大于 30m，不得有接头，绝缘良好

6 禁止连接建筑物金属构架和设备等作为焊接电源回路。

禁止连接建筑物金属构架和
设备等作为焊接电源回路

电焊设备的装设、检查和修理工作，必须在切断电源后进行。

检修电焊设备时，应先切断电源

8 电焊钳必须符合下列基本要求：

- 应牢固地夹住焊条；
- 焊条和电焊钳的接触良好；
- 更换焊条必须便利；
- 握柄必须用绝缘耐热材料制成。

电焊钳

9 电焊机的裸露导电部分、转动部分以及冷却用的风扇，均应装有保护罩。

接线端子防护罩

外壳接零

冷却风扇防护罩

⑩ 电焊工应备有下列防护用具：

- 镶有滤光镜的手把面罩或套头面罩，护目镜片；
- 电焊手套和工作服；
- 橡胶绝缘鞋；
- 清除焊渣用的白光眼镜（防护镜）。

橡胶绝缘鞋　　　　　电焊手套　　　　　手把面罩

⑪ 电焊工更换焊条时，必须戴电焊手套，以防触电。清理焊渣时必须戴上白光眼镜，并避免对着人的方向敲打焊渣。

更换焊条必须戴电焊手套

⑫ 在起吊部件过程中，严禁边吊边焊的工作方法。只有在摘除钢丝绳后，方可进行焊接。

严禁边吊边焊

13 不准将带电的绝缘电线搭在身上或踩在脚下。电焊导线经过通
道时，应采取防护措施，防止外力损坏。

不准将带电的绝缘电线搭在身上或踩在脚下

电焊工离开工作场所时，必须切断电源。

离开工作场所，
必须切断电源

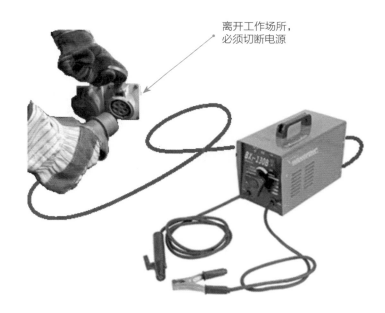

四 气焊与气割操作

　　气焊就是利用可燃气体与助燃气体混合燃烧生成的火焰为热源，熔化焊件和焊接材料使之达到原子间结合的一种焊接方法。

1 储存气瓶的仓库应具有耐火性能。门窗应采用向外开形式，装配的玻璃应用毛玻璃或涂以白色油漆。地面应平坦不滑，砸击时不会发生火花。

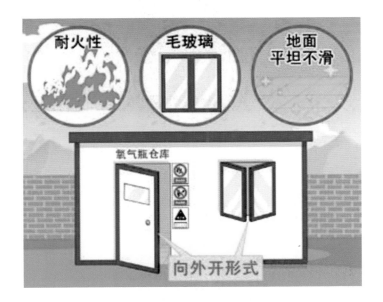

储存气瓶仓库周围 10m 距离以内，不准堆置可燃物品，不准进行锻造、焊接等明火工作，并禁止吸烟。

2 仓库内应设气瓶架，使气瓶垂直立放，空的气瓶可以平放堆叠，但每一层都应垫有木制或金属制的型板，堆叠高度不准超过 1.5m。

3 装有氧气的气瓶不准与乙炔气瓶或其他可燃气体的气瓶储存于同一仓库。

4 储存气瓶的仓库内，必须备有消防用具，并应采用防爆照明，室内通风应良好。

 气瓶库必须备有消防用具，并采用防爆照明

5 气瓶搬运应使用专门的抬架或手推车。每一气瓶上必须套以厚度不少于 25mm 的防震胶圈两个，以免运输气瓶时互相撞击和震动。

瓶帽应盖好

防震圈

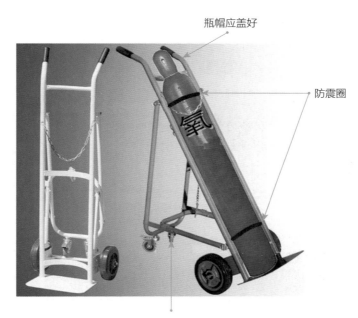

搬运气瓶手推车

6 严禁把氧气瓶及乙炔瓶放在一起运送，也不准与易燃物品或装有可燃气体的容器一起运送。禁止运送和使用没有防震胶圈和保险帽的气瓶。

严禁把氧气瓶及乙炔瓶放在一起运送

五 氧气瓶和乙炔气瓶的使用

气瓶是移动式压力容器，所包容的介质聚集了巨大的能量，而且多数具有燃烧、毒害或腐蚀性质，承受着高压，存在着爆炸的危险性。

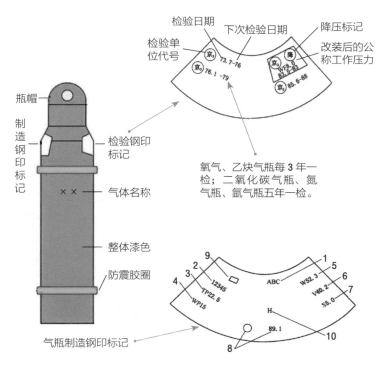

图中标记含义：1—气瓶制造单位代号；2—气瓶编号；3—水压试验压力，MPa；4—公称工作压力，MPa；5—实际质量，kg；6—实际容积，L；7—瓶体设计壁厚，mm；8—制造单位检验标记和制造年月；9—监督检验标记；10—寒冷地区用气瓶标志

1 氧气瓶应按 TSG R0006-2014《气瓶安全技术监察规程》进行水压试验和定期检验。过期未经水压试验或试验不合格者不准使用。在接收氧气瓶时，应检查印在瓶上的试验日期及试验机构的鉴定合格证。

氧气瓶检验钢印标记

2 运到现场的氧气瓶，必须验收检查。如有油脂痕迹，应立即擦拭干净；如缺少保险帽或气门上缺少封口螺钉或有其他缺陷，应在瓶上注明"注意！瓶内装满氧气"，退回供应商。

油脂痕迹应立即擦拭干净

3 氧气瓶内的压力降到 0.196MPa 时，不应再使用。用过的瓶上应注明"空瓶"。

氧气瓶余压不得低于 **0.196MPa**

空瓶标记

④ 氧气阀门只准使用专门扳手开启，不准使用凿子、锤子开启。
乙炔阀门应用特殊的键开启。

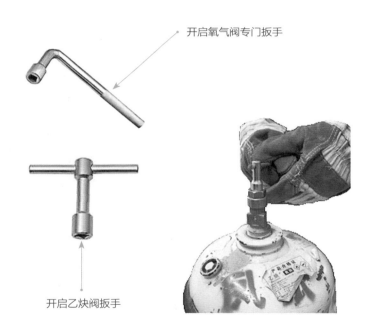

开启氧气阀专门扳手

开启乙炔阀扳手

5 在工作地点，最多只许有两个氧气瓶，一个工作，另一个备用。

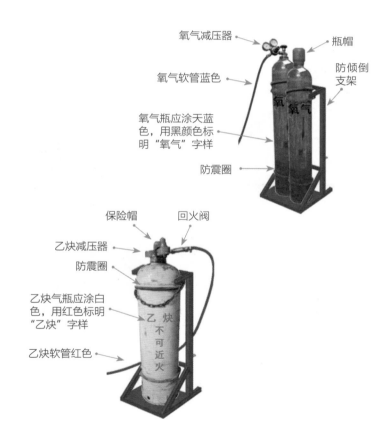

氧气减压器

瓶帽

氧气软管蓝色

防倾倒支架

氧气瓶应涂天蓝色，用黑颜色标明"氧气"字样

防震圈

保险帽　　回火阀

乙炔减压器

防震圈

乙炔气瓶应涂白色，用红色标明"乙炔"字样

乙炔软管红色

6 使用中的氧气瓶和乙炔气瓶应垂直放置并固定起来，氧气瓶和乙炔气瓶的距离不得小于 5m。

距离不小于 5m

气瓶应垂直放置并固定

10m

橡胶软管的长度宜大于 15m

7 禁止使用没有防震胶圈和保险帽的气瓶。严禁使用没有减压器的氧气瓶和没有回火阀的溶解乙炔气瓶。

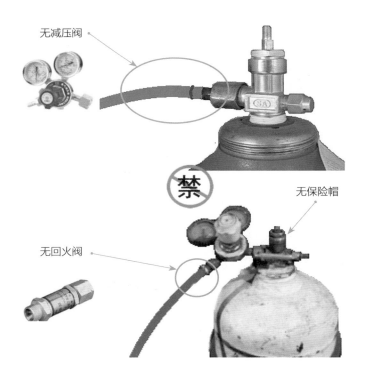

无减压阀

禁

无保险帽

无回火阀

8 禁止装有气体的气瓶与电线相接触。

禁止装有气体的气瓶与电线相接触

禁

氧气软管颜色错误

电源线

禁止使用没有防震圈
和保险的气瓶

工作地点只许
两个氧气瓶

六 减压器、橡胶软管、焊枪的使用

1 将减压器安装在气瓶阀门或输气管前。应注意：必须选用符合气体特性的专业减压器，禁止换用或替用；减压器（特别是连接头和外套螺母）不应沾有油脂，如有油脂应擦洗干净；外套螺母的螺纹应完好，螺母内应有纤维质垫圈（不准用棉、麻绳、皮垫或胶垫代替）。

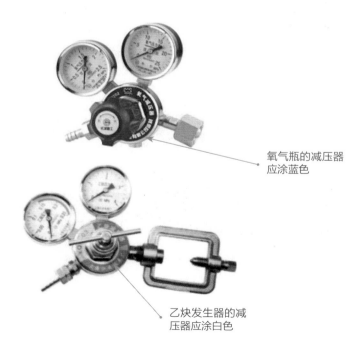

氧气瓶的减压器
应涂蓝色

乙炔发生器的减
压器应涂白色

② 橡胶软管的长度宜大于 15m。两端的接头（一端接减压器，另一端接焊枪）必须用特制的卡子卡紧，或用软的或退火的金属绑线扎紧，以免漏气或松脱。

橡胶软管两端接头
应用专用的卡子

3 使用的橡胶软管不准有鼓包、裂缝或漏气等现象。如发现有漏气现象，不准用贴补或包缠的方法修理，应将其损坏部分切掉，用双面接头管将软管连接起来并用夹子或金属绑线扎紧。

有鼓包或破裂

④ 乙炔和氧气软管在工作中应防止沾上油脂或触及金属溶液。禁止把乙炔及氧气软管放在高温管道和电线上，不应将重的或热的物体压在软管上，也不准将软管放在运输通道上，更不准把软管和电焊用的导线敷设在一起。

5 焊枪点火时，应先开氧气门，再开乙炔气门，立即点火，然后再调整火焰。熄火时与此操作相反，即先关乙炔气门，再关氧气门，以免回火。

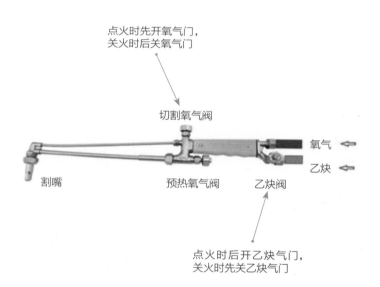

点火时先开氧气门，
关火时后关氧气门

切割氧气阀

氧气 ⬅

乙炔 ⬅

割嘴   预热氧气阀   乙炔阀

点火时后开乙炔气门，
关火时先关乙炔气门

电力安全教育可视化手册